AF253552

LISTE

DES

PROPRIÉTAIRES COLONS

DE SAINT-DOMINGUE

Qui ont fourni leurs Certificats de résidence, conformément aux Loix des 25 Août et 20 Décembre 1792.

PREMIER CAHIER.

DE L'IMPRIMERIE DE LA MARINE,
RUE SAINT-HONORÉ, N.º 355, VIS-A-VIS L'ASSOMPTION.

Numéros des Articles.	NOMS, PRÉNOMS ET SURNOMS DES PROPRIÉTAIRES.	SITUATION DES BIENS.	DATE des Certificats de résidence.	DÉPARTEMENS OU RÉSIDENT LES PROPRIÉTAIRES.
1	François Vallé.		14 Janv.	Maine et Loire.
2	Jeanne - Marie Bellot, veuve Ives Exaudi.		25 Janv.	Loire inférieure.
3	Claire-René Exaudi.		25 Jauv.	Idem.
4	Françoise-René-Marie Exaudi, épouse de Casimir Rolland.		9 Janv.	Idem.
5	Amélie-Maxime-Rosalie Degrasse.		12 Janv.	Paris.
6	Justine-Adelaïde Degrasse.		Idem.	Paris.
7	Silvie - Alexandrine - Maxime Degrasse		Idem.	Paris.
8	Melaine - Véronique - Maxime Degrasse.		Idem.	Paris.
9	Pierre-Guillaume Lory.	Quartier du Cap.	10 Janv.	Loire inférieure.
10	Joseph Gillet, aîné.	Quartier du Cap.	23 Janv.	Idem.
11	Pierre - André - François Thebaudiere.	Paroisse du Port-Margot.	23 Janv.	Idem.
12	Augustin Armant - Guérin-Marsilly.		21 Janv.	Paris.
13	Jean - Jacques Fournier de Varennes.	Quartier de Limonade, Paroisse Limbé.	6 Févr.	Paris.
14	Anne - Françoise Fournier de Varennes.	Idem.	Idem.	Lille et Vilaine.
15	Adélaïde - Sophie-Marguerite-Thérèse Fournier de Varennes.	Idem.	Idem.	Idem.
16	Anne - Catherine - Henriette de Pichard de Saint-Julien.	Idem.	Idem.	Idem.
17	Marie - Louise Sousin.	Quartier des Irois.	15. Févr.	Idem.
18	Marie-Marguerite Desmoulin.	Idem.	Idem.	Loire inférieure.
19	Louis Durfort Lajarte.	Quartier du Port-au-P.	24 Janv.	Idem.
20	Eléonore Dieulefit, veuve Manger.	Psse. N.-D. des Vérettes. Paroisse, St.-Jérôme.	24 Janv.	Gironde.
21	Jean-Baptiste-Paschal Robert.	Quartier de Plaisance.	18 Janv.	Loire inférieure.
22	Antoine Mercier.		22 Janv.	Maine et Loire.
23	Marguerite Beguyer.	Quart. du Port-au-Princ.	28 Janv.	Loire inférieure.
24	Françoise-Augélique de Lisle.	Quartier de Léogane.	14 Janv.	Loire inférieure.
25	Marie - Julienne - Marc, veuve Barbier, dit Manegre.	Quartier de l'Arcahaye.	21 Janv.	Idem.
26	Michel Maret Dumenil.		14 Janv.	Idem.
27	Marie - Jeanne Geslin, épouse de Simon Plumard.	Port-au-Prince.	28 Janv.	Maine et Loire.
28	Simon Plumard.	Idem.	Idem.	Idem.
29	Hubert Durocher.	Qurtier des Abricots.	20 Janv.	Idem.
30	Cathérine Michaut, femme Beguyer.	Port-au-Prince.	26 Janv.	Maine et Loire.
31	Antoine - Auguste Beguyer.	Idem.	26 Janv.	Idem.
32	Jean Moisean.	Port-au-Prince.	28 Janv.	Loire inférieure.
33	Gabriel-Marie Constant.	Quartier de l'Artibonite.	19 Janv.	Idem.
34	Hélène - Antoinette Guibert, femme Dasincourt.		17 Janv.	Paris.
35	Louis-Paul Brancas Ceriste.		22 Janv.	Idem.
36	Antoine - Didier Bellanger.		20 Janv.	Paris,
37	Elisabeth Cavelier, veuve Dosmont.	Plaine de Maribaroux.	16 Janv.	Loiret.
38	Louis Elie.		26 Janv.	Gironde

N.os des Articles.	NOMS, PRÉNOMS ET SURNOMS DES PROPRIÉTAIRES.	SITUATION DES BIENS.	DATE des Certificats de résidence.	DÉPARTEMENS OÙ RÉSIDENT LES PROPRIÉTAIRES.
39	Caroline Ducasse	Par. St.-Louis de Jérémie.	29 Janv.	D'Eure et Loire.
40	René Leroy.	Idem.	Idem.	Idem.
41	Antoine Marcorelles.	Quartier de Léogane.	28 Janv.	Loire inférieure.
42	Jean Merot, père.		13 Janv.	Loire Inférieure.
43	Jean Soudoay.		30 Janv.	Idem.
44	Guillaume Labry de Lafosse.		26 Janv.	Idem.
45	Marguerite Leconte, veuve Lamusanchere.	Au Cap.	17 Janv.	Idem.
46	Moïse Desbordes.	Dépendance de Jacmel.	24 Janv.	Idem.
47	Marguerite-Jacques Demons-Latours.		26 Janv.	Gironde.
48	Josephine - Macloire Durfort Duras.		20 Janv.	Paris.
49	Gabriel Frenaye.		3 Févr.	De Lallier.
50	Anne - Cécile - Alexandrine Hervé Villarceaux.		25 Janv.	Paris.
51	Elie Bouchereau.	Quartier de Jacmel.	1 Févr.	Gironde.
52	Louis-Nicolas Violette.		31 Janv.	Paris.
53	Marie - Madeleine - Maurice, fme. St. - Germain Deloaye.		14 Févr.	Charente inférieure.
54	Marie - Madeleine - Maurice Saintoun.		14 Févr.	Paris.
55	Madeleine - Barbe Chavanne, veuve Mandion.			Paris.
56	Jean Joulu,	Quartier de Jacmel.	26 Janv.	De la Somme.
57	Augustin Guillaume.		30 Janv.	Gironde.
58	Marie - Renè Hua Bayeux, épouse Grandpré.		30 Janv.	Loire Inférieure.
59	Antoine Espivent.		5 Févr.	Seine et Oise.
60	Anne-Marie Bonne Houet.		20 Janv.	Loire inférieure.
61	Margueritte Geslin, épouse Bureau.		13 Janv.	Idem.
62	Henri Fort.		28 Janv.	Idem.
63	Guillaume Péron Fougeray.		30 Janv.	Idem.
64	Charles - Henri Desfossés.		17 Janv.	Paris.
65	Dominique - Bernardin Chabanon.		18 Janv,	De l'Oise.
66	Christin Chabanon.		18 Janv.	Idem.
67	Marie - Laurence Chabanon.		18 Janv.	Idem.
68	François - Jean Vente.		1er Févr.	Paris.
69	Augustin Ducla.	Paroisse Saint - Marc.	1er Févr.	Paris.
90	Joseph Boudault.		7 Févr.	Gironde.
91	Pierre Courbes		27 Janv.	Loire inférieure.
92	Prudent de l'Isle.		26 Janv.	Idem.
93	Ursulle Gormant, veuve Viguier.		31 Janv.	Idem.
94	Charles Magnan.		18 Janv.	Seine inférieure.
95	Louis-André Magnan.		21 Févr.	Paris.
96	Henriette du Solier.	A Saint - Marc.	Idem.	Paris.
97	Jean - Baptiste Berge.	Idem.	27 Févr.	Gironde.
98	Antoine Berge.	Idem.	26 Févr.	Idem.
99	Laurent Soulé.		Idem.	Idem.
100	Geneviève - Barbe Wambel.		23 Févr.	Seine et Marne.
101	Nicolas Arnous, père.		21 Févr.	Paris.
102	Jacques Pemerle.		13 Janv.	Loire inférieure.
			25 Févr.	Gironde.

Numéros des Articles.	NOMS, PRÉNOMS ET SURNOMS DES PROPRIÉTAIRES.	SITUATION DES BIENS.	DATE des Certificats de résidence.	DÉPARTEMENS OU RÉSIDENT LES PROPRIÉTAIRES.
103	Henriette Lagantray Pemerle,		*Idem.*	Gironde.
104	Jean - Baptiste Henri.	Quartier de l'Artibonite.	5 Févr.	*Idem.*
105	Jean Guilhem.		25 Févr.	Gironde.
106	Jean Meteyé.		12 Janv	*Idem.*
107	Pierre Verneuil.		12 Mars.	*Idem.*
108	Jean - Antoine Lacombe.		*Idem.*	*Idem.*
109	Louis Danglade.		5 Mars.	*Idem.*
110	François Montjon.		1er. Mars.	*Idem.*
111	Joseph Danglade.	Quartier d'Aquin.	13 Mars.	*Idem.*
112	François Mosmin Seguineau.	Quartier de Saint-Marc.	1er. Mars.	*Idem.*
113	François Seguineau.	*Idem.*	*Idem.*	*Idem.*
114	François Seguineau Dumas.	*Idem.*	*Idem.*	*Idem.*
115	Cathérine Seguineau	*Idem.*	*Idem.*	*Idem.*
116	Pierre Jouanel.		20 Févr.	*Idem.*
117	Marie - Louise Drouillard, v^e. Lompré.		13 Févr.	Paris.
118	Charles-Paschal Lagarde.	Quartier de Saint-Marc.	6 Mars.	Gironde,
119	Louis-Antoine Jeard.	Quartier de Mirbalais.	4 Mars.	*Idem.*
120	Gille de Lafontaine.	Quartier Dudon.	13 Mars.	*Idem.*
121	Réné-Marie-Michel Debauval. du sieur de Choiseuil.		20 Févr.	Paris.
122	Alexis - Jean Gillet.		2 Févr.	Loire inférieure.
123	Jourdan, veuve Yon.	Quartier de Saint-Marc.	4 Mars.	Gironde.
124	Elisabeth Cavellier, veuve Dosmont.	Pleine de Maribaroux.	4 Mars.	Loiret.
125	Guillaume-Eusèbe Nombret.		5 Mars.	De l'Yonne.
126	Guillaume Beauregard.		6 Mars.	Gironde.
127	Daniel Deloynes Gravilliers.		9 Mars.	Du Loiret.
128	Jean-Baptiste-Pierre-Augustin Grissot.			
129	Charles Billoteau.	Au Port-au-Prince.	21 Févr.	Charente inférieu^{re}.
130	Joseph Reynaud.		10 Févr.	Loire inférieure.
131	Jacques-Thomas Lhéritier.	Au Cap.	29 Janv.	Paris.
132	Antoine Gauderat.	Quartier de l'Artibonite.	18 Févr.	Des Basses-Pyren.
133	Jacques Tabocs.	Quartier de l'Arcahaye.	5 Mars.	Gironde.
134	Jean Auger.	Saint - Marc.	17 Févr.	Charente inférieu^{re}.
135	Elisabeth Rey.	*Idem.*	10 Févr.	*Idem.*
136	Jacques Rey.	*Idem.*	*Idem.*	*Idem.*
137	Madeleine Audinet.	*Idem.*	17 Févr.	*Idem.*
138	Josué-Jean-Baptiste Christin.	Quartier Saint-Marc.	5 Mars.	Gironde.
139	Elisabeth Devergés Dallimans.		19 Févr.	Paris.
140	Charles Méger.	Quartier de Léogane.	17 Févr.	Loire inférieure.
141	Jean - Jacques Vandamme.	Quartier de Montrouîs.	4 Mars.	Gironde.
142	François Seguinau.	*Idem.*	6 Mars.	*Idem.*
143	Jacques Seguinau.	Quartier de Saint-Marc.	6 Mars.	*Idem.*
144	François-Réné Drouet.	Plaine de Léogane.	29 Janv.	Loire inférieure. -
145	Réné Henri la Tullaye.	*Idem.*	20 Févr.	Maine et Loire.
146	Bernard Tousin.		1er. Mars,	Gironde.
147	Jean-Baptiste Gailhem.	Q^{er}. des Cayes St. Louis;	25 Févr.	*Idem.*
148	Pierre - Paul Mellot.		11 Févr.	Seine inférieure.
149	Jean-Louis Dadhemar Mont-réal.	Paroisse Sainte-Rose.	30 Janv.	Loire inférieure.
150	Joseph-Abraham Julian.	Quartier de Gonaïves.	5 Mars.	Gironde.
151	Claude-François Borniol.		4 Mars.	*Idem.*
152	Cathérine - Jeanne - Eugénie Bergey.		28 Févr.	D'Indre et Loire.

Numéros des Articles.	NOMS, PRÉNOMS ET SURNOMS DER PROPRIÉTAIRES.	SITUATION DES BIENS.	DATE des Certificats de résidence.	DÉPARTEMENS OU RÉSIDENT LES PROPRIÉTAIRES.
153	Michel - Louis Bergey.		25 Févr.	D'Indre et Loire.
154	François-Louis Bergey.		28 Févr.	Idem.
155	Louise-Adelle Bergey.		28 Févr.	Idem.
156	Claude-Jean Michel.	Quartier Jacmel.	26 Févr.	Gironde.
157	Charles Marchand.	Au Port-au-Prince.	17 Févr.	Loire inférieure.
158	Jean - François Bellanger des Boulets.		20 Févr.	Paris.
159	Bernardin Malartic.	Quartier de Jérémie.	5 Mars.	Gironde.
160	Pierre Marchand.	Quartier de l'Artibonite.	1er. Mars.	Idem,
161	Claude Clément.		6 Févr.	Paris.
162	Pierre-Michel Prouzat.		10 Févr.	Loire inférieure.
163	Jean Gerde.	Quartier de Léogane.	4 Févr.	Idem.
164	Jean Payen.		6 Févr.	Paris.
165	Jacques Dubour.		19 Févr.	Loiret.
166	Alphonse Cottin.		20 Févr.	Seine et Marne.
167	Pierre-Donatien Pays-Bouilly.		1er. Févr.	Meuse.
168	Phiilippe - Sébastien Sarre-bourse.	Léogane.	7 Févr.	Loire inférieure.
169	Catherine Boutier, ve. Boutier Laeardoinne.		23 Févr.	Lot et Garonne.
170	Antoine-Emery Prudhom.	Au Cap Français.	25 Févr.	D'Indre et Loire.
171	Pierre-Simon Leroy.		18 Févr.	Gironde.
172	Jean-Pierre-Bourgoing.			
173	François-Noël Lefevre.		30 Févr.	Paris.
174	Etienne - Marc - Antoine Richard Dutour.		16 Févr.	Seine inférieure.
175	Hildevert Bertrand.		21 Févr.	D'Indre et Loire.
176	Elie Aupit.		21 Févr.	Gironde.
177	Jeanne Bourdette, veuve Campagnolle.	Au quartier Jean, Rabel.	19 Févr.	Basses-Pyrénées.
178	Bernard Campagnolle.	Idem.	19 Févr.	Idem.
179	Jeanne Campagnolle.	Idem.	19 Févr.	Idem.
180	Louise - Amable Carradeux, ve. Boissonnière de Mornay.		24 Janv.	Du Cher.
181	André Collin Boissonnière.		24 Janv.	Basses-Pyrénées.
182	Marie-Amable Boissonnière.		Idem.	Idem.
183	Michel-Amable Boissonnière.		Idem.	Idem.
184	Louis Mary.		15 Févr.	Gironde.
185	Frédéric - Louis Pichon Tré-mondrie.	Par. du Petit-St.-Louis.	12 Févr.	Idem.
186	Florimond-Léger Masson.		16 Janv.	Loire inférieure.
187	Claude - Florimond Segretier.		9 Févr.	Seine et Marne.
188	Jacques - François Masson.		14 Janv.	Loire inférieure.
189	Margueritte - Thérèse - Léger Cottin, épouse d'Amédée Detreille.	A Léogane.	15 Janv.	Idem.
190	Germain - Alphonse Cottin.		5 Févr.	Paris.
191	Guillaume Bouteiller.	Aux Cayes Saint-Louis.	2 Févr.	Loire inférieure.
192	Marc - Claude Thévenin.		20 Févr.	Paris.
193	Jean - François Berard.		9 Févr.	Seine et Oise.
194	Réné - Bonnables - Mathurin Lory Bernardière.	Quartier du petit Goave.	14 Févr.	Idem.
195	Urbain - Joseph Bertin.		27 Janv.	Idem.
196	Catherine Chaucerel, veuve Portier Lantines.	Quartier de Léogane.	3 Févr.	Idem.
197	Pierre Ginet.		3 Févr.	De Lot et Garonne.

Numéros des Articles.	NOMS, PRÉNOMS ET SURNOMS DES PROPRIÉTAIRES.	SITUATION DES BIENS.	DATE des Certificats de résidence.	DÉPARTEMENS OU RÉSIDENT LES PROPRIÉTAIRES.
198	Chaumerel.		5 Févr.	De Lisle et Vilaine.
199	André Cazalès.		7 Févr.	Des Landes.
200	Elie Bouchereau.		1 Févr.	Gironde.
201	Louis-Nicolas Violette.		31 Janv.	Paris.
202	Marie - Madeleine - Thérèse Maurice, épouse du sieur Saint-Germain de Loage.		31 Janv.	Charente inférieure.
203	Marie-Madeleine Saintoux.		Idem.	Idem.
204	Anne - Cécile - Alexandrine-Hervé Villarçeaux.		25 Janv.	Paris.
205	Gabriel Frainaye.		3 Févr.	De Lallier.
206	Anne Varnier, vᵉ. Lallande.		Idem.	Idem.
207	Julien Lefer.		Idem.	De Lille et Vilaine.
208	Augustin - Armand Guérin Marsilly.	Quartier de la petite Rivière, plaine de Léogane.	21 Janv.	Paris.
209	Jean Perry.		18 Févr.	Loire inférieure.
210	Jean Boutier de Saint-Sernin.		20 Févr.	Lot et Garonne.
211	Réné Colombel.	Par. du Fond des Nègres.	3 Févr.	Maine et Loire.
212	Louis - Michel - Auguste Mercier Dupaty.	Quartier Morin.	14 Mars.	Paris.
213	Marie-Louise Fréteau, veuve Dupaty.	Idem.	Idem.	Idem.
214	Marie - Margueritte - Adelle Mercier Dupaty.	Idem.	Idem.	Idem.
215	Louis-Marie-Adrien-Jean-Baptiste Dupaty.	Idem.	Idem.	Idem.
216	Louis-Emanuel-Félicité-Charles Mercier Dupaty.	Idem.	Idem.	Idem.
217	Eléonore - Charlotte - Marie Mercier Dupaty.	Idem.	Idem.	Idem.
218	Louis-Charles-Henri Mercier Dupaty.	Idem.	Idem.	Idem.
219	Marie - Charlotte - Françoise Mercier Dupaty.	Idem.	Idem.	Idem.
220	Pierre Guillon.	Quartier Sainte-Anne.	9 Févr.	Loire inférieure.
221	Thomas Gossé.	Paroisse du Frt-Dauphin.	18 Févr.	Idem.
222	Jean-Charles-Réné Jude.	Quartier de l'Arcahaye.	15 Mars.	Gironde.
223	Réné - Louis Jude.	Quartier de Boucassin.	19 Mars.	Idem.
224	Henri-Jean Laroche Neuilly.		31 Janv.	Rhône et Loire.
225	Jean-Marie de Laroche Neuilly.		13 Févr.	Idem.
226	François Derré.	A la Montagne Noire.	3 Mars.	Sarthe.
227	Jean Derré.	Paroisse Jean-Rabel.	Idem.	Idem.
228	Dominique Rosat.	Quartier de Mirbalais.	25 Févr.	Loire inférieure.
229	Pierre Samanos.		9 Févr.	Basses-Pyrénées.
230	Marie-Jeanne-Bellanger, veuve Jouve du Cabanel.	Quartier de l'Artibonite.	16 Mars.	Paris.
231	Jean - Charles Sorin.		3 Mars.	Du Tarn.
232	Guillaume Boudet.	Quartier Saint-Marc.	21 Févr.	Loire inférieure.
233	Guillaume-Ignace Bouchereau Saint-Georges.	Quartier de l'Artibonité.	22 Mars.	Gironde.
234	Prosper Charet.	Quartier des Abricots.	23 Févr.	Loire inférieure.
235	Pierre Vian.	Ville du Cap.	9 Févr.	Idem.
236	Michel Vian Tonnelier.	Idem.	Idem.	Idem.
237	Jean Vian-Cloutier.	Idem.	Idem.	Idem.
238	Bourget Victor.	Quartier des Varreux.	16 Févr.	Idem.
239	Jean Schailhat.		3 Mars.	Dordonne.

Numéros des Articles.	NOMS, PRÉNOMS ET SURNOMS DES PROPRIÉTAIRES.	SITUATION DES BIENS.	DATE des Certificats de résidence.	DEPARTEMENS OU RÉSIDENT LES PROPRIÉTAIRES.
240	Claude - Marguerite Magnac.	Paroisse Saint-Jérôme,	21 Mars.	Gironde.
241	Marie-Jeanne Burel Dupérier.	Quartier Dauphin.	13 Mars.	Loiret.
242	Marie-François Guillaudun.	Quartier Morin.	20 Mars.	Paris.
243	Marie Maurean, veuve Guillaudeu.	Idem.	Idem.	Idem.
244	Pierre Coutrau.	Quartier Saint-Marc.	21 Févr.	Loire inférieure.
245	Etienne Gazanhe.	Quartier de l'Artibonite.	6 Mars.	Idem.
246	Jean-Baptiste Lafosse.		27 Févr.	Idem.
247	Julien Aussant.	Au Cap Français.	13 Févr.	Idem.
248	Jacques Chatelus.	Quart. du petit St.-Louis.	22 Mars.	Gironde.
249	Mathias Lavergne.	Qnartier Saint-Marc.	18 Mars.	Idem.
250	Joseph-Mathias Robert.	Quar. du Port-au-Prince.	Idem.	Idem.
251	Julien Dupaut.		25 Févr.	Loire inférieure.
252	Edme-jean-Baptiste St.-Pierre.	Quartier Grande-Terre.	28 Mars.	Gironde.
253	André-François-Pierre Lechat des Landes.		5 Mars.	Paris.
254	Réné Vuloir Laflèche de Granpré,		5 Févr.	Seine et Oise.
255	Antoine Genay.	Quart. de Terre-Neuve.	28 Févr.	Charente inférieure.
256	Elisabeth Seguineau, veuve Bourron.		1er. Mars.	Gironde.
257	Joseph Janin,	Quartier Dudondon.	14 Mars.	Idem.
258	Hugues Melinet,	Quartier d'Aquin.	25 Mars.	Idem.
259	Louis-Auguste Berlaimont, et Anne-Brebianne Bresard.		26 Janv.	Loire inférieure.
260	Marguerite-julie Brissard.		9 Févr.	De l'Orne.
261	Henri-Auguste Quiret de Coulaine.		5 Févr.	D'Indre et Loire.
262	Marie-Aimée Brisard Quirit.		Idem.	Idem.
263	Jeanne-Marie Mataillard.	Quart. de Onnaminthe.	25 Mars.	Gironde.
264	Jean-Bapt. Chambellin Penitre.		15 Mars.	Idem.
265	Jean-Baptiste Guillaud.		19 Mars.	Idem.
266	Etienne Daussant.	Quartier du Cap.	26 Mars.	Idem.
267	Charles Labarrère.	Quartier des Cayes.	22 Mars.	Idem.
268	Marie-Jean-Elisabeth Redon.	Quartier de Cavaillon.	4 Mars.	Idem.
269	Marie-Eugénie Lucas Deblaire.	Quarrier de l'Artibonite.	11 Avril.	Paris.
370	Marie-Claude Lucas Deblaire.	Idem.	8 Avril.	Idem.
271	Pierre Reyan.	Quartier du Cap.	10 Févr.	Basses-Pyrénées.
272	Mardoché Levi.	Quartier Saint-Marc.	14 Mars.	Gironde.
273	Sainte - Claire Clauzel,	Se-Claire du Mouillage.	19 Mers.	Idem.
274	Antoine-Louis Fleurençeau.	Quartier Saint-Marc.	17 Févr.	Loire inférieure.
275	Jean Parran.	Idem.	6 Mars.	Idem.
276	Marie-Apoline Rouyer, veuve Millot.	Au Cap Français.	21 Mars.	Seine inférieure.
277	Pierre Milet.		2 Mars.	Loire inférieure.
278	Augustin Felloneau, et son épouse.	Quartier Saint-Marc.	17 Févr.	Idem.
279	Vincent Vienot.		13 Mars.	Seine inférieure.
280	Madeleine Félicité Prevost.	Quartier de la Souffrière.	27 Mars.	Gironde.
289	Marie-Agathe-Gregoire, veuve Ducla.		2 Mars.	Idem.
290	Etienne - François - Marie de Mervesin.	Port-au-Prince.	21 Févr.	Loire inférieure.
291	Jean Tapiau.	Aux Cayes Saint-Louis.	12 Févr.	Landes.
292	Jean - Baptiste Martineau.		18 Mars.	Gironde.
293	Dalbis Gissiat.	Quart. de la Guadeloupe.	29 Mars.	Idem.

Numéros des Articles.	NOMS, PRÉNOMS ET SURNOMS DES PROPRIÉTAIRES.	SITUATION DES BIENS.	DATE des Certificats de résidence.	DÉPARTEMENS OU RÉSIDENT LES PROPRIÉTAIRES.
294	Joseph Lasnier.	Quartier Saint-Marc.	28 Févr.	Loire Inférieure.
295	Marthe-Ursule Osmont, ve. Bonpard.		6 Mars.	Idem.
296	Jean Perry.	Paroisse de Bombarde.	18 Févr.	Idem.
297	Julien Leser.		21 Févr.	De l'Ille et Vilaine.
298	Réné Colombel. (bis.)	Par. du Fond des Nègres	3 Févr.	Maine et Loire.
299	Jean Boutier.		23 Févr.	Lot et Garonne.
300	Jean Payen Boisneuf.		6 Févr.	Paris.
301	Jacques Dubour.		19 Févr.	Loiret.
302	Pierre Donatien Pays-Bouilly		1er. Févr.	Meuse.
303	Philippe-Sébastien Sarrebourse.	Quartier de Léogane.	7 Févr.	Loire inférieure.
304	Jean Gerde.	Idem.	4 Févr.	Idem.
305	Germain-Alphonse Cottin.	Quartier de l'Ouest.	20 Févr.	Seine et Marne.
306	Louis Mary.	Quartier de l'Artibonite.	15 Févr.	Gironde.
307	Louise-Amable Caradeux, ve. Boissonnière, et ses enfans.	Port-au-Prince.	24 Janv.	Cher.
308	Etienne-Marc-Antoine Richard Dutour.		15 Févr.	Seine inférieure.
309	Elie Aupit.		21 Févr.	Gironde.
310	Catherine Boutier, ve. Boutier,		23 Févr.	De Lot et Garonne.
311	Antoine-Eméry Prud'homme.	Quartier du Cap.	25 Févr.	D'Indre et Loire.
312	François Noel Lefevre.	Montagne du Cul-de-sac.		
313	Jeanne Bourdette veuve Campagnolle.	Qu. du Port-au-Prince.		Basses-Pyrénées.
314	Ursule Gorman, ve. Viguier.		18 Janv.	Seine inférieure,
315	Charles Magnan.		21 Févr.	Paris.
316	Louis-André Magnan.		Idem.	Idem.
317	Henriette Dusolier.	Quartier Saint-Marc.	27 Févr.	Gironde.
318	Laurenr Soulé.	Idem.	23 Févr.	Seine et Marne.
319	Geneviève-Barbe Wambel.	Idem.	21 Févr.	Paris.
320	Nicolas-Arnoult Péré.	Pleine du Cul-de-sac.	13 Févr.	Loire inférieure.
321	Jacques Permele.		25 Févr.	Gironde.
322	Henriete Lagantray Permele.		Idem.	Idem.
323	Jean-Baptiste Henry.	Quartier de l'Artibonite.	5 Févr.	Idem.
324	Jean Guilhem.	Quartier de l'Archaye.	25 Févr.	Idem.
325	Pierre Marchand Labelardière.	Quartier de l'Artibonite.	1er mars.	Idem.
326	Bernardin Malartic.	Quartier de Jérémie.	5 Mars.	Idem.
327	Claude Clément.		5 Févr.	Paris.
328	Pierre-Michel Prouzat.	Port-au-Prince.	10 Févr.	Loire inférieure.
329	Guillaume Beauregard.	Quartier Saint-Marc.	6 Mars.	Gironde.
330	Daniel Deloynes.	Idem.	9 Mars.	Du Loiret.
331	Jean Auger.	Quartier Saint-Marc.	17 Févr.	Charente inférieure.
332	Claude-François Bellanger des Boulets.		20 Févr.	Paris.
333	Charles Marchand.	Port-au-Prince.	17 Févr.	Loire inférieure.
334	Claude-Jean Michel.	Quartier de Jacmel.	26 Févr.	Gironde.
335	Claude-François Borniol.	Quartier des Gonaïves.	4 Mars.	Gironde.
336	Joseph-Abraham Julian.	Cap Français.	5 Mars.	Idem.
337	Jean-Louis Dadhemar.	Idem.	30 Janv.	Loire inférieure.
338	Pierre-Paul Millot.	Idem.	11 Févr.	Seine inférieure.
339	Jean-Baptiste Guilhem.	Qu. des Cayes St.-Louis.	25 Févr.	Gironde.
340	Bernard Tousin.	Saint-Domingue.	1er Mars.	Idem.
341	François-Réné Drouet.	Plaine de Léogane.	29 Janv.	Loire inférieure.
342	Réné-Henry Latullaye.	Idem.	20 Févr.	Maine et Loire.

Numéros des Articles.	NOMS, PRÉNOMS ET SURNOMS DES PROPRIÉTAIRES.	SITUATION DES BIENS.	DATE des Certificats de résidence.	DÉPARTEMENS OU RÉSIDENT LES PROPRIÉTAIRES.
343	Hiacinthe-Jean-Jacques Vaudaumie.	Quartier de Montrouis.	4 Mars.	Gironde.
344	Jacques Seguinau.	Idem.	6 Mars.	Idem.
345	Charles Merger.	Quartier de Léogane.	17 Févr.	Loire inférieure.
346	Guillaume Eusèbe Nombret.		5 Mars.	De l'Yonne.
347	Jean Méteyé.	Quartier de Saint-Marc.	Idem.	Gironde.
348	Jean Antoine Lacombe.	Idem.	Idem.	Idem.
349	Sylvestre Berthe.	Quart. du Port-de-Paix.	Idem.	Idem.
350	Pierre Jouanel.		20 Févr.	Idem.
351	Marie - Louise Drouillard, veuve Longpré.		13 Févr.	Paris.
352	Jean-Charles-Pascal Lagarde.	Quartier Saint-Marc.	6 Mars.	Gironde.
353	Louis-Antoine Jeard.	Quartier de Mirbalais.	4 Mars.	Idem.
354	Gille de Lafontaine.	Quartier Dudondon.	13 Mars.	Idem.
355	René - Marie-Michel Bauval, veuve Choiseuil.		20 Févr.	Paris.
356	Louis Casson.	Quartier de Saint-Marc.	21 Févr.	Charente inférieure.
357	Jean-Bap.te Reynaud Barbarin.	Idem.	6 Mars.	Gironde.
358	Marguerite-Charlotte Daquin, femme Barbarin.	Idem.	Idem.	Idem.
359	Gabriel-Nicolas Cochon.	Quartier de Plaisance.	12 Mars.	Idem.
360	Marianne Pinedde, v.e, Maisonneuve.	Quartier du Borgne.	Idem.	Idem.
361	Jean-Baptiste Sabousin.	Idem.	Idem.	Idem.
362	Louis Lamathe.	Quartier de Vallière.	Idem.	Idem.
363	Simond Garine.	Idem.	Idem.	Idem.
364	Jean - Baptiste Reynaud Châteaudun.	Aux Cayes.	10 Févr.	Loire inférieure.
365	Geneviève Lobinois, veuve Grandier.	Quartier de Cavaillon.	4 Mars.	Gironde.
366	Marie - Anne - Françoise Tansurier, veuve Lozes.	Quartier de Nippes.	12 Févr.	Loire inférieure.
367	Etienne-Auguste Perpignan.	Quartier Saint - Marc.	5 Mars.	Gironde.
368	Jacques-François Protteau.	Ville des Cayes.	15 Févr.	Loire inférieure.
369	Pudent de Lille.	Quartier du Cul-de-Sac.	7 Mars.	Paris.
370	Madeleine - Hyacinthe Guillauden, femme séparée de biens avec le citoyen Caze.		8 Mars.	Paris.
371	Guillaume Cousade Lartigue, et son épouse.		20 Mars.	Haute-Garonne.
372	Charlotte Robin f.me. Pillat.	Quartier du Borgne.	4 Mars.	Loire inférieure.
373	Emanuel de Van.	Quartier des Cayes.	25 Févr.	Idem.
374	Laurent Samson.	Idem.	23 Févr.	Idem.
375	Julliel Ferrand.	Port-au-Prince.	21 Févr.	Idem.
376	Jean-Baltazard Georges.	Quartier de Nippes.	15 Févr.	Idem.
377	Jean Barbier.	Q.er du Fond des Nègres.	13 Mars.	Gironde.
378	Jean - Baptiste du Bertrand du Canelle.	Quartier de Vallière.	14 Mars.	Idem.
379	François Simard Pitray.	Quartier de Saint-Marc.	16 Mars.	Idem.
380	Thémire-Anne-Bernard-Marie-Regis Suarez.		15 Janv.	Paris.
381	Marie-Michelle Vallen Champ-Fleury, épouse du citoyen du Bobéril de Cheville.	Quartier de Saint-Marc.	12 Févr.	l'Ille et Vilaine.
382	Jean Renaud.	Quartier de Jacmel.	18 Mars.	Gironde.
383	Charlemagne Romain.			

Numéros des Articles.	NOMS, PRÉNOMS ET SURNOMS DES PROPRIÉTAIRES.	SITUATION DES BIENS.	DATE des Certificats de résidence.	DÉPARTEMENS OÙ RÉSIDENT LES PROPRIÉTAIRES.
384	Jacques-Philippe Lacouture et sa fille.		20 Févr.	Basses-Pyrénées.
385	André le Normand.		1er. Mars.	Loiret.
386	Jean-Jacques Fleurançeau.	Quartier Saint-Marc.	17 Févr.	Loire inférieure,
387	Marie-Louise Brant, femme Fleurençeau.	Idem.	Idem.	Idem.
388	Joseph Lamy.	Au Cap Français.	28 Févr.	Idem.
389	Arnaud Faltret.	Quartier Sainte-Rose.	14 Mars.	Gironde.
390	Jacques Michel.		21 Févr.	Loire inférieure.
391	Pierre Condé.	Quartier des Coteaux.	11 Mars.	Gironde,
392	Jean Mathieu.	Quartier des Gonaïves.	2 Mars.	Idem.
393	Jean Pierre-Marc Brunian.	Quartier Saint-Marc.	16 Mars.	Idem.
394	Robert Bergnet.		18 Févr.	Loire inférieure.
395	Jean Dupaty.	Quartier du Cap.	14 Mars.	Gironde.
396	Jacques-François Barrault.	Quartier de Nippes.	16 Févr.	Loire inférieure.
397	Jean-François-Gabriel Polastron, dit Pouet.		11 Mars.	Idem.
398	Anne-Perrienne-Victoire Bertin, épouse de Joseph Laval.	Plaine Jacob.	15 Févr.	Idem.
399	Marie-Madeleine Robert.	Quart. du Port Dauphin.	11 Mars.	Gironde.
400	Jean-Baptiste Gasnier et son épouse.	Quartier de Jérémie.	14 Févr.	Loire inférieure.
401	Léonard-Antoine Sentout.	Quartier des Cayes.	15 Mars.	Gironde.
402	Anne-Thérèse Aquin.	Qer des Cayes St.-Louis.	Idem.	Idem.
403	Jean-Pierre Rion.	Quartier des Cayss.	Idem.	Idem.
404	Pauline Gressier.	Guad., q. de la Cabestère.	6 Mars.	Idem.
405	André-Jean-Joel Gressier.	Idem.	Idem.	Idem.
406	(1) Le C. Victor-Honoré Chabot. Per commis ch. les cit. Prassea et Zenoglio à Gênes.	Quartier du Limbé.		
407	Pierre-Nicolas Maussalé.	Paroisse de l'Archaye.	31 Mars.	Paris.
408	Jean-Pierre Messagné.	Idem.	Idem.	Idem.
409	Joseph-Guillaume Turpin Samay.		1er. Mars,	l'Yonne.
410	Marie-Agathe-Grégoire, ve. Ducla.		2 Mars.	Gironde.
411	Marie-Jeanne Burel Dupérier.	Qurt. du Fort Dauphin.	13 Mars.	Idem.
412	Thomas Gosse.	Par. du Fort Dauphin.	18 Févr,	Loire inférieure.
413	Marie-Anne-Robert-Nicolas Thouin.	Au grand Goave.	7 Mars.	Idem.
414	Charles Deuix.	Idem.	Idem.	Idem.
415	Claude-Marguerite Magnan.	Par. St.-Jérôme de la petite rivière de l'Artib.	21 Mars.	Gironde.

(1) D'après la décision du Ministre de l'intérieur, motivée sur des pièces authentiques déposées entre ses mains, il n'est point compris dans la classe des émigrés, au terme de l'art. IV de la Loi du 8 Avril 1792 ; en conséquence ses propriétés sont à l'abri de séquestre.

Numéros des Articles.	NOMS, PRÉNOMS ET SURNOMS DES PROPRIÉTAIRES.	SITUATION DES BIENS.	DATE des Certificats de résidence.	DÉPARTEMENS OU RÉSIDENT LES PROPRIÉTAIRES.
416	Jean-Charles-Réné Jude fils.	Quartier de l'Arcahaye.	15 Mars.	Gironde.
417	Réné - Louis Jude.	Quartier de Boucassin.	19 Mars.	Idem.
418	François Derré.	Mont. Noire de J.-Rabel.	3 Mars.	De la Sarthe.
419	Jean Derré.	Idem.	Idem.	Idem.
420	Dominique Rosat.	Qurtier de Mirebalais.	25 Févr.	Loire inférieure.
421	Guillanme-Ignace Bouchereau.	Quartier de l'Artibonite.	22 Mars.	Gironde.
422	Marie - Jeanne Bellanger, vᵉ. Jouve.	Idem.	16 Mars.	Paris.
423	Jean-François Sorini.		3 Mars.	Du Tarn.
424	Etienne Martel.	Paroisse Sᵗ. - François.	7 Mars.	Loire inférieure.
425	Jean - Baptiste Meûnier.	Quartier des Côteaux.	11 Mars.	Gironde.
426	Justin Viard.	Quart. du Por-au-Prince.	14 Mars.	Idem.
427	Joseph Mulonière.	Quart. de l'Isle-à-Vâche.	21 Févr.	Loire inférieure.
428	Pierre Coutran.	Quartier Saint-Marc.	Idem.	Idem.
429	jeanne - Marie Mataillard.	Quartier Onanaminthe.	15 Mars.	Gironde.
430	Hugues Melinet.	Quartier d'Aquin.	25 Mars.	Idem.
431	Dufrois Olimière.		9 Févr.	De l'Orne.
432	Louis-Auguste Berlaymont et son épouse.		26 Janv.	Loire inférieure.
433	Julien Aussant.	Quart. du Cap Français,	13 Févr.	Idem.
434	Jean - Baptiste Lafosse.	Au Fond de l'Isle-à-Vâche.	27 Févr.	Idem.
435	Jean-Baptiste Chambellin.		15 Mars.	Gironde.
436	Jean-Baptiste Guilleau.	Quartier du Cap.	19 Mars.	Idem.
437	Geneviève Bouglé , épouse du citoyen Piron.		8 Mars.	De la Sarthe.
438	Marie - Apolline Rouyer, vᵉ. Millot.		21 Mars.	Seine inférieure.
439	Auguste Felloneau.	Quartier Saint-Marc.	17 Févr.	Loire inférieure.
440	Marie - Vincent Vienot.		13 Mars.	Seine inférieure.
441	Armand - Laurent - Elisabeth Reverdy.		18 Mars.	Paris.
442	Joseph Nogaret.		17 Mars.	D'Indre et Loire.
443	Pierre - Henri Bonrian.	Port-au-Prince.	4 Mars.	L'Aube.
444	Jean-François-Pierre Laymisse.	Quartier Saint-Marc.	26 Mars.	Gironde.
445	Jean - Baptisto Riotier.	Quartier de Limonade,	4 Avril.	Idem.
446	Jacques - Théodore Vanberchem.	Quart. du Port-Dauphin.	14 Févr.	Loire inférieure.
447	Jean Dupuy.	Quart. du Port-de-Paix.	4 Avril.	Gironde.
448	Marguerite Cazalès.	Quart. de Saint-Marc.	24 Mars.	Des Landes.
449	Luce Tonsin , vᵉ. Larreillet.	Quart, du grand Goave.	23 Mars.	Des Basses-Pyren.
450	Bernard Lacombe.		10 Mars.	Gironde.
451	François Lacombe.	Qᵉʳ. du Port-au-Prince.	26 Mars.	Idem.
452	Jean Campagnon.	Quartier de Boucassin.	19 Mars.	Idem.
453	Hugues Vignes.	Quart. de Maribaroux.	30 Mars.	Idem.
454	Pierre-François Guillobet.	Au Port-au-Prince.	25 Mars.	Loire inférieure.
455	Elisabeth Brossay , femme Garresché.		28 Févr.	Charente inférieure.
	Jean Garresché Durocher.		Idem.	Idem.
456	Marie-Eléonore Dapos , épouse Samanos.			
457			9 Févr.	Basses-Pyrénées.
458	Alexis Meyère.		1ᵉʳ. Mars.	Gironde.
459	Moïse Ferreyra.		13 Mars.	Idem.
460	Jean Arnault.	Quart. des Gonaïves.	17 Avril.	De la Vienne.
461	Jeauli Dupont.	Aux Cayes Jaunes.	14 Févr.	Loire inférieure.
462	Aaron Fereyra.	Quartier du Cap.	15 Mars.	Gironde.
463	Claude Verger.	Quartier de Macouba.	27 Mars.	Idem.

Numéros des Articles.	NOMS, PRÉNOMS ET SURNOMS DES PROPRIÉTAIRES.	SITUATION DES BIENS.	DATE des Certificats de résidence.	DÉPARTEMENS OU RÉSIDENT LES PROPRIÉTAIRES.
464	Jeau - Baptiste Gamotis,		13 Mars.	Hautes-Pyrénées.
465	Joseph - Charles Justin.		5 Avril.	Loire inférieure.
466	Jacques Garnier.	Quartier de la Barre.	26 Mars.	Gironde.
467	Jean - Baptiste - Etienne Hervé Lepine.	Quartier de l'Artibonite.	17 Févr.	Loire inférieure.
468	Jean - Baptiste Salles.	A la Martinique.	9 Mars.	Gironde.
469	Etieune Saint-Pierre Lagrange.		23 Févr.	Hautes-Pyrénées.
470	Pierre Salles.		9 Mars.	Gironde.
471	Charles Victor , et Antoine-Pierre Salomon , frères,	Grande Terre , à la Guad.	1er Avril.	De l'Isère.
472	Auguste-Jean-Marie Desene.	Quartier du Boucassin.	24 Févr.	D'Indre et Loire.
473	Elisabeth Belagu Desverges.	Qurtier des Cayes.	27 Mars,	Gironde.
474	Marie Desverges.	Idem.	Idem.	Idem.
475	Joseph-Sylvestre la Rigaudelle Dubuisson , fils.	Quartier de l'Artibonite.	21 Févr.	Loire inférieure.
476	Jean Farinet.	Au Port-au-Prince.	Idem.	Idem.
477	François Mocquard.	Fort Dauphin.	2 Mars.	Idem.
478	Jacqnes Corncllant.	Paroisse du Cul-de-Sac.	20 Févr.	Idem.
479	Pierre Rivière.	Quartier de Mirbalais.	2 Mars.	Idem,
480	Jean - Baptiste - Honoré Guis et son épouse.	Port-au-Prince.	4 Mars.	Idem.
481	Michel Després.	A St.-Pierre la Martinique.	9 Avril.	Gironde.
482	Madeleine - Barbe Chavanne , veuve Moudon.		10 Janv.	De la Somme.
483	Françoise Lalaurie.	Quartier du Cap.	22 Févr.	Des Landes.
484	Sophie-Marie-Louise Chaponet , épouse de Jaucourt.	Quartier de Léogane.	15 Févr.	Paris.
485	Françoise Chatelaine , veuve Donat.	Quart. de l'Artibonite.	16 Avril.	Gironde.
486	Pierre - Paul Donat.	Idem.	Idem.	Idem.
487	Jean Bourignon.	Idem.	6 Avril.	Charente inférieure.
488	Françoise-Pauline Donat , ve. Gazan.	Idem.	1er. Mars.	Dordonne.
489	André Despèroux.		24 Févr.	Charente inférieure.
490	Marie-Jeanne-Claudine , fille majeure.		10 Mai.	D'Indre et Loire.
491	Anne Bonne Chesniau , veuve de François Brunel.		Idem.	Idem.
492	Gilbert-Madeleine Pamlhaoud.		5 Avril.	Loire inférieure.
493	Joseph - Paul - Augustin Cambefort.		18 Mars.	Paris.
494	Guillaume Laurent Lecesni.	Quartier de Vallières.	10 Avril.	Gironde.
495	Antoine Demontal.	Cap Français.	24 Avril.	Du Cantal.
496	Pierre Thillard.	De Gonaïves qer St-Marc.	17 Avril.	Gironde.
497	Marguerite Rolland , veuve Nairac.	Qer du Port-au-Prince.	13 Avril.	Idem.
498	Louis Collon,		17 Mars.	Charente inférieure.
499	Emilie - Geneviève Leprêtre , épouse Lugeol.	Quartier des Cayes.	15 Févr.	Gironde.
500	Jean-Baptiste Dugeol.	Idem.	Idem.	Idem.
501	René - Alexandre Garnier.	Quartier Saint-Marc.	12 Avril.	Loire inférieure.
502	Jean - Antoine - Raynaud de l'Isle.	Quartier du petit Goave.	2 Mai.	Basses-Pyrénées.
503	Georges - Allexis Paulin.	Quartier de Cavaillon.	18 Févr.	Loire Inférieure.
504	Marie - Anne Passorieux , ve. Dourlens Deboiville.		15 Avril.	D'Indre et Loire.

Numéros des Articles.	NOMS, PRÉNOMS ET SURNOMS DES PROPRIÉTAIRES.	SITUATION DES BIENS.	DATE des Certificats de résidence.	DÉPARTEMENS OU RÉSIDENT LES PROPRIÉTAIRES.
505	Marie-Jeanne Paradol.		15 Avril.	D'Indre et Loire.
506	Anne-Marie-Françoise Ester-Adélaïde Dourlens de Bois-Ville.		Idem.	Idem.
507	Jean Viaux.	Quartier des Cayes.	11 Févr.	Gironde.
508	Pierre Lardin.	Quartier de Limonade.	28 Mars.	Idem.
509	Jacques-Toussaint Lambert.		1er Avril.	Seine et Oise.
510	Joseph Warnier.		Idem.	Idem.
511	Jean-Baptiste Lemasue.	Quart. du Frt-Dauphin.	14 Févr.	Loire inférieure.
512	Pierre-Joseph Lemolu.	Idem.	Idem.	Idem.
513	Marie-Louise Couturier, ve Jean Bertrand Guerineau.		20 Avril.	Idem.
514	René-Claude-Michel Budan.	Quartier du Cap.	12 Mars.	Gironde.
515	René-Viviès Thévigni Budan.		23 Févr.	Paris,
516	Claude-Françoise Budan.	Fort Dauphin,	25 Févr.	Loire inférieure.
517	Magdeleine Budan.		28 Févr.	Idem.
518	Madeleine Sagne, ve Budan.		16 Févr.	Idem
519	Etienne Mirza, ve Rougé.	Quartier Saint-Marc.	20 Avril.	Gironde.
520	Raimond Lassui, fils.	Quartier de Jérémie.	12 Avril.	Idem.
521	François Cormier.	Quart. du Frt-Dauphin.	28 Févr.	Loire inférieure.
522	Joseph Dudom.		18 Avril.	Gironde.
523	Pierre Lamathe.		1er Avril-	Charente inférieure.
524	Daniel Pouillan.		16 Févr.	Gironde.
525	Camescasse.		24 Janv.	Idem.
526	Jean-François Vaurigaud.		13 Mars.	Charente inférieure.
527	Marie Vaurigaud.		17 Mars.	Idem.
528	Pierre Forestier.	Quartier du Cap.	31 Mars.	Landes.
529	Jeanne Gillet, ve Mogneron.	Quart. de Maribaroux.	12 Févr.	De l'Ille et Vilaine.
530	Laurent Gillet-Lasaudrais.	Idem.	Idem.	Idem.
531	Catherine-Thérèse Masson, veuve Lenién.		15 Avril.	Gironde.]
532	Anne-Louise-Adélaïde Nicolay, veuve Magnan.	Quart. Saint-Sauveur.	14 Avril.	Basses-Alpes.
533	Barthélemi Roulin.		18 Avril.	Gironde.
534	Marie Constans.	Quartier de l'Artibonite.	24 Avril.	Loire inférieure.
535	Marie-Thérèse Lenién,		15 Avril.	Gironde.
536	François-Martin Constantin.		14 Mai.	Loire inférieure.
537	Jean-Louis Marrier Chanteloup et Marie-Claude Doré son épouse.		24 Mai.	Seine et Marne.
538	Jacharie-Marie Laroche.	Paroisse des Cayes.	25 Févr.	Loire inférieure.
539	François Bregion.		20 Avril.	Idem.
540	Madeleine-Gervaise, veuve Doré.		24 Mai.	Seine et Marne.
541	Pierre-Alexandre Leprince.		13 Mai.	Idem.
542	Frédéric-Louis Pichon.	Paroisse Saint-Louis.	29 Avril.	Gironde.
543	Jean Pourcien.		8 Avril.	Cherente inférieure
544	Louise-Catherine-Henriete Darbeins.		9 Févr.	Paris.
545	François-Armand Cholet.		20 Mai.	Gironde.
546	Simon-Philippe Prébois.	Quartier de Jérémie.	14 Févr.	Loire inférieure.
547	Elisabeth Bastard, ve Moreau.		8 Avril.	Charente inférieure.
548	Jean Faget.		10 Mai.	Lot et Garonne.
549	Bernard Lousier.		3 Mai.	Gironde.
550	Catherine Michon, épouse Beguyer.	Paroisse de la Croix des Bouquets.	6 Avril.	Maine et Loire.

Numéros des Articles.	NOMS, PRÉNOMS ET SURNOMS DES PROPRIÉTAIRES.	SITUATION DES BIENS.	DATE des Certificats de résidence.	DÉPARTEMENS OÙ RÉSIDENT LES PROPRIÉTAIRES.
551	Antoine-Auguste Beguyer.	Idem.	6 Mai.	Maine et Loire.
552	Charles Brossard.	Q^{er} de la petite Ance.	21 Avril.	Gironde.
553	Léon Ducros.	Cap Français.	14 Mai.	Lot et Garonne.
554	Anne-Madeleine Foucher, v^e Cornu.	Idem.	28 Févr.	Loire inférieure.
555	Jean Loguehay.	Quart. de la petite Ance et grand Gille.	25 Mars.	Gironde.
556	Jean Boutier Saint-Sernin.		8 Mai.	De Lot et Garonne.
557	Louis Pelletan.		8 Avril	Charente inférieu^{re}.
558	Olivier Loysel.		Idem.	Idem.
559	Jean-Antoine-Marie-Germain Rostaing.		25 Avril.	Paris.
560	René-Victor-Henri Laflèche de Grandpré.		21 Mars.	Idem.
561	René Geslin Péré.	Port-au-Prince.	13 Mai.	Loire inférieure.
562	Nicolas Surville.		15 Févr.	D'Eure et Loire.
563	René Geslin.		1er Mars.	Paris.
564	Adelaïde-Marguerite Geslin.	Quartier de Léogane.	13 Mai.	Loire inférieure.
565	Marie-Claudine Chesniau.		9 Mai.	D'Indre et Loire.
566	Anne-Bonne Chesniau, veuve Brunel.		6 Mai.	Idem.
567	Marie-Louise Putois, épouse Forceville.	Quartier Dauphin.	16 Mai.	Idem.
568	René-Joseph Boudin.		3 Juin.	Loire inférieure.
569	Pierre Cothereau.		1er Juin.	Idem.
570	Gertrude-Fortunée Duplérieux, femme Légal.		8 Avril.	Paris.
571	Gabriel Légal.		6 Avril.	Idem.
572	Guillaume Boudet.		3 Juin.	Loire inférieure.
573	Jean Audubon.	Qu. des Cayes St.-Louis.	6 Avril.	Idem.
574	Gabriel Frenaye.		3 Mai.	De Lallier.
575	Marie-Anne Vouarguier, v^e Lallaud.		Idem.	Idem.
576	Pierre Ginet.		27 Févr.	Lot et Garonne
577	Jean Parran.		3 Juin.	Loire inférieure.
578	Guillaume de Lisle.	Quarrier du Cap.	19 Mars.	Gironde.
579	Louis Elie.		31 Mai.	Idem.
580	Varbin-Abel Bauger.	Quartier de Léogane.	24 Mars.	D'Indre et Loire.
581	Marie-Ursule Vian Sermet.		26 Mai.	Haute-Garonne.
582	Pierre Cabamel Sermet.		Idem.	Idem.
583	Marie Chauvet, v^e Bordur.		Idem.	Idem.
584	Joseph Oré.	Quartier de Jacmel.	17 Mai.	Gironde.
585	Claude-Philippe Mayné.	Quartier du Limbé.	6 Mai.	D'Indre et Loire.
586	Madeleine-Anne Bailly, f^{me} Mayné.	Idem.	Idem.	Idem.
587	Marie-Louise Mayné.	Idem.	Idem.	Idem.
588	Madeleine-Clotilde Mayé.	Idem.	Idem.	Paris.
589	Jean-Marie-Philippe Mayé.	Idem.	Idem.	Idem.
590	Charles-Louis Portelane.	Quartier Morin.	27 Avril.	Du Loiret.
591	Clotilde-Louise Sagur Liglu., épouse Cleryson.		11 Avril.	Paris.
592	Jean Moizeau et son épouse.	Cul-de-sac du Port-au-Pr.	8 Mai.	Loire inférieure.
593	Jean-Paul Rambans.	Quart. de Cavaillon.	2 Mai.	Gironde.
594	Marguerite Beguyer, veuve Geslin.	Port-au-Prince.	13 Mai.	Loire inférieure.
595	Elizabeth Bron, veuve Joseph Prat.		21 Avril.	Haute-Marne.

Numéros des Articles.	NOMS, PRÉNOMS ET SURNOMS DES PROPRIÉTAIRES.	SITUATION DES BIENS.	DATE des Certificats de résidence.	DÉPARTEMENS OU RÉSIDENT LES PROPRIÉTAIRES.
596	Joseph Montbrun des Halliers.	Paroisse d'Aquin.	18 Avril.	Dordogne.
597	Marie-Josephine-Eulalie-Pétronille Guilloux.		15 Avril.	D'Indre et Loire.
598	Marie-Catherine-Antoinette Handrechy, veuve Baubur-la-Caussade.		Idem.	Idem.
599	Arnaud Tausin.	Quartier de Limonade.	14 Mars.	Gironde.
600	Antoine Dutour.	Quartier Jaquesey.	11 Avril.	Idem.
601	Paul Croquet.		4 Mai.	Loiret.
602	Jean-Baptiste Vaudussen.	Quartier des Cayes.	10 Mai.	Des Landes.
603	Jean-Baptiste-Joseph Suares.		31 Mai.	Haute-Garonne.
604	Anne Renard, veuve Cosses.		6 Avril.	Idem.
605	Jean-Baptiste Gagueron.		4 Juin.	Paris.
606	Jean-Baptiste Desbarrières.		Idem.	Idem.
607	Christophe Gagueron.		Idem.	Idem.
608	Joseph-Gayetan Duviviers.	Quartier de Plaisance.	21 Juin.	Charente inférieure.
609	Jean-Baptiste Amis.	Quartier du Borgne.	28 Mai.	Idem.
610	Armand Guerin Marsilly.	Quartier de Léogane.	24 Mai.	Paris.
611	Jean-Baltasard George.	Quartier de Nippes.	12 Juin.	Loire inférieure.
612	Jean-Pierre Bourgoing.	Quartier Sainte-Anne.	17 Juin-	Idem.
613	Louise-Vincent, veuve Dubasque.	Paroisse de l'Acculé.	7 Avril.	Idem.
614	Guillon Pierre.		7 Juin.	Idem.
615	François Reynaud.		11 Mars.	Paris.
616	Daniel Deloynes.	Paroisse des Bouquets.	6 Juin.	Loiret.
617	Mathieu Najac.		25 Mai.	Gers.
618	Antoine Marc-Aurelle.	Quartier de Léogane.	14 Juin.	Loire inférieure.
619	Pierre-François Ravet.	Quart. du Cap-Français.	23 Févr.	Charente inférieure.
620	Rosalie-Adélaïde Santo-Domingo, femme Talmours.	Qu. du Port-au-Prince.	14 Mai.	Loire inférieure.
621	Marie-Louise-Josephine veuve Lolive.		8 Mai.	Seine et Oise.
622	Pierre Limousin.		13 Juin.	Gironde.
623	Salmon Talmours.			Loire inférieure.
624	Casimir Chaperon.	Quartier du Cap.	13 Mai.	Idem.
625	Jean-Baptiste Thomasin.	Par. du grand Goave.	20 Juin.	Des Vosges.
626	Marie-Marthe-Heleine-Félix Saint-Marcel, veuve de Verigny.		3 Juin.	Charente inférieure.
627	Marguerite-Adélaïde Cocqueray, veuve Pradel.	A la Martinique.	25 Mai.	Du Loiret.
628	Etienne-Marie-Georges Cocqueray.	Idem.	22 Mai.	Charente inférieure.
629	Marie-Rose Levasseur, fme du citoyen Cocqueray Valenciennes.		Idem.	Idem.
630	Elie Thibaut.		21 Mai.	Gironde.
631	Isaac-René-Mathieu Ingrand.		29 Mars.	De la Vienne.
632	Marie-Antoinette Carpron, veuve Daniel.		3 Juin.	Loire inférieure.
633	Jean Corpron.		Idem.	Idem.
634	Perrine Maillard, veuve Couillard.		Idem.	Idem.
635	René-Jean-Louis-Marguerite Arandel.		Idem.	Idem.

numéros des Articles.	NOMS, PRÉNOMS ET SURNOMS DES PROPRIÉTAIRES.	SITUATION DES BIENS.	DATE des Certificats de résidence.	DÉPARTEMENS OU RÉSIDENT LES PROPRIÉTAIRES.
636	Susanne- - Joséphine Letort, épouse du citoyen Arandel.		3 Juin.	Loire inférieure.
637	Léonine Louise Massian, dite Lacroix.		Idem.	Idem.
638	Léonine - Eulalie Santo - Domingo, veuve Massian, dite Lacroix.	Quartier Saint-Marc.	Idem.	Idem.
639	Maurille - Marie - Dominique Pavie.	Idem.	Idem.	Idem.
642	Marie-Anne-Victoire Revol, veuve Pavie.	Idem.	Idem.	Idem.
641	Geneviève Laronillé, veuve Henri Villard.	Idem.	Idem.	Idem.
642	Marie - Geneviève Adelaïde Bernard.		Idem.	Idem.
643	Jean - Baptiste Laudrian.	Quartier des Bouquets.	17 Juin.	De la Meurthe.
644	Laurens Soulé.		8 Juin.	Seine et Marne.
645	Nicolas Salefranque.	Quartier des Gonaïves.	18 Mai.	Gironde.
646	Anne Perès, veuve Geresse.	Qer de la Basse-Pointe.	20 Juin.	Idem.
647	Nicolas-Stanislas Perès Duvivier.	Idem.	7 Juin.	Idem.
648	Saint-Jean, veuve Perès Duvivier.	Idem.	Idem.	Idem.
649	Madeleine Valiére Perès Duvivier.	Idem.	Idem.	Idem.
650	Anne Perès, veuve Geresse.	Idem.	Idem.	Idem.
651	Madeleine-Justine Perès Duvivier.	Idem.	Idem.	Idem.